FORSCHUNGSBERICHTE
DES WIRTSCHAFTS- UND VERKEHRSMINISTERIUMS
NORDRHEIN-WESTFALEN

Herausgegeben von Ministerialdirektor Dipl.-Ing. L. Brandt

Nr. 9

Techn.-Wissenschaftl. Büro für die Bastfaserindustrie, Bielefeld

Untersuchungen über die zweckmäßige Wicklungsart
von Leinengarnkreuzspulen unter Berücksichtigung der Anwendung
hoher Geschwindigkeiten des Garnes

Vorversuche für Zetteln und Schären von Leinengarnen auf
Hochleistungsmaschinen

(Als Manuskript gedruckt)

SPRINGER FACHMEDIEN WIESBADEN GMBH 1952

ISBN 978-3-663-12799-4 ISBN 978-3-663-14282-9 (eBook)
DOI 10.1007/978-3-663-14282-9

Forschungsberichte des Wirtschafts- und Verkehrsministeriums Nordrhein-Westfalen

G l i e d e r u n g

Untersuchungen über die zweckmässige Wicklungsart von Leinengarnkreuzspulen unter Berücksichtigung der Anwendung hoher Geschwindigkeiten des Garnes.
Vorversuche für Zetteln und Schären von Leinengarnen auf Hochleistungsmaschinen.

I. Wicklungsformen von Kreuzspulen .... S. 5
    1. Wilde Wicklung .... S. 5
    2. Präzisionswicklung .... S. 1o
       a) Geschlossene Präzisionswicklung........ S. 12
       b) Offene Präzisionswicklung .... S. 13
       c) Wabenwicklung .... S. 13

II. Untersuchungen über die zweckmässige Wicklungsart für Leinengarnkreuzspulen........ S. 14
    1. Versuchsplanung......................... S. 15
    2. Versuchsdurchführung .... S. 16
    3. Versuchsergebnisse .... S. 19
    4. Zusammenfassung .... S. 34

III. Vorversuche für Zetteln und Schären von Leinengarnen auf Hochleistungsmaschinen ..... S. 35
    1. Versuchsdurchführung und Versuchsergebnisse .... S. 35
    2. Zusammenfassung .... S. 4o

I. Wicklungsformen von Kreuzspulen

In der Praxis werden der Form nach zylindrische und konische Kreuzspulen verwendet, während hinsichtlich der Wicklung folgende Arten unterschieden werden:
1. Wilde Wicklung
2. Präzisionswicklung
    a) geschlossene Präzisionswicklung (Spiegelwicklung)
    b) offene Präzisionswicklung
    c) Wabenwicklung.

1. Wilde Wicklung

Die sog. wilde Wicklung ist gekennzeichnet durch eine während des gesamten Spulvorganges gleichbleibende Auflaufgeschwindigkeit des Fadens zusammen mit einer ebenso konstant bleibenden Geschwindigkeit des Fadenführers. Erstere wird erreicht, indem die Spule durch Oberflächenfriktion von einer mit konstanter Drehzahl umlaufenden Welle oder Trommel angetrieben wird, sodass ihre Umfangsgeschwindigkeit (Fadenauflaufgeschwindigkeit) unbeeinflusst von der zunehmenden Grösse des Spulendurchmessers unverändert bleibt. Der Fadenführerantrieb erfolgt meist abgeleitet von der Spulenantriebswelle, somit auch mit konstanter Geschwindigkeit. Bei Schlitz- und Nutentrommel-Kreuzspulmaschinen ist die Antriebstrommel gleichzeitig auch das fadenführende Organ. Gleiche Fadenauflaufgeschwindigkeit nebst konstanter Fadenführergeschwindigkeit verursachen, dass der Fadenauflaufwinkel während des gesamten Aufwindevorganges konstant bleibt.

Die Einhaltung einer gleichbleibenden Umfangsgeschwindigkeit der Spule bedingt, dass ihre Umlaufzahl je Zeiteinheit mit zunehmendem Durchmesser und Umfang kleiner wird. Dies bedeutet angesichts der unveränderten Fadenführergeschwindigkeit, dass bei grösserem Spulendurchmesser das Verhältnis zwischen Spulenumdrehungen und Fadenführerhüben in der gleichen Zeit, somit die Zahl der Windungen je Spulenbreite (Hublänge) kleiner wird. Zwei Kennzeichen charakterisieren somit die wilde Wicklung: Gleichbleibender Auflaufwinkel des Fadens, abnehmende Zahl der Windungen je Spulenbreite mit zunehmendem Spulendurchmesser. Zwei einfache Skizzen dienen der

Erläuterung.

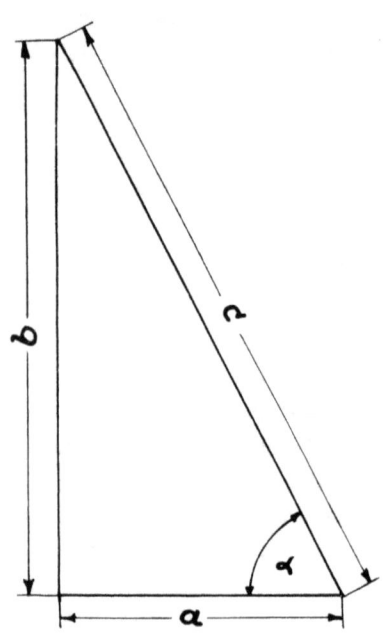

Abb. 1

Wird, wie in Abb. 1 gezeigt, von einem Punkt ausgehend in waagerechter Richtung der in einer Zeiteinheit zurückgelegte Weg a des Fadenführers und in senkrechter Richtung der in derselben Zeit abgerollte Spulenumfang b aufgetragen, so ergibt sich durch Verbindung der beiden Endpunkte die tatsächlich in Schraubenlinie aufgewickelte Garnlänge c. Da a und c unverändert bleiben (Charakteristik der wilden Wicklung), ist damit auch die Konstanz des Auflaufwinkels α während des ganzen Spulvorganges gegeben. Ebenfalls unverändert bleibt natürlich auch die Strecke b. Je nach dem jeweiligen Durchmesser der Spule stellt sie aber einen unterschiedlichen Teil des Spulenumfanges dar, so z.B. den doppelten Umfang einer kleinen Spule bezw. den einfachen Umfang einer doppelt so grossen Spule, wobei als Zeiteinheit die Zeit für einen Fadenführerhub angenommen wird. Bei den üblicherweise verwendeten Kreuzspulmaschinenkonstruktionen beträgt der Bewicklungswinkel (Auflaufwinkel) α etwa 60°. Die hier gewonnene Erkenntnis des konstanten Auflaufwinkels in Abb. 2 übertragen, ergibt die bereits erwähnte Feststellung, dass sich der Unterschied in den einzelnen Spulendurchmessern dahingehend auswirkt, dass z.B. im Falle des kleinen Durchmessers d zwei Windungen je Hub gewickelt werden, während beim Wickeln auf den doppelt so grossen Durchmesser D nur eine Windung je Spulenbreite entsteht.

Forschungsberichte des Wirtschafts- und Verkehrsministeriums Nordrhein-Westfalen

Die wilde Wicklung weist einige Nachteile auf. So ist die sog. "Spiegel- oder Bandwicklung" ihr bekanntes Merkmal. Unter diesem Begriff versteht man das Auftreten von mehr oder weniger schmalen Streifen, in denen die Fäden mehrerer aufeinander folgender Garnlagen dichtgeschlossen nebeneinander liegen.

Bei Beobachtung einer schnell umlaufenden Kreuzspule mit glänzendem Garn, z.B. Kunstseide, kann infolge Lichtreflektion das Auftreten derartiger Streifen besonders gut beobachtet werden. Infolge des ständig wechselnden Verhältnisses zwischen der Spulendrehzahl und der Fadenführergeschwindigkeit verändern sich bei der wilden Wicklung die Abstände (in Achsialrichtung) zwischen den Fäden in den radial aufeinanderfolgenden Garnlagen ununterbrochen. Die Spiegelbildung tritt periodisch dann ein, wenn bei bestimmten Spulendurchmessern das vorgenannte Drehzahlgeschwindigkeitsverhältnis ein geschlossenes Nebeneinanderliegen der Fäden in einer Anzahl aufeinanderfolgender Lagen bedingt. Mit dem stetig wachsenden Spulendurchmesser ist diese Bandbildung - auch von der Garnstärke abhängig - auf eine ganz kurze Zeit beschränkt, verschwindet dann, um abermals bei einem in dieser Hinsicht ungünstigen Verhältnis zwischen Spulendrehzahl und Fadenführergeschwindigkeit wiederzukehren. Genauer ausgedrückt wird eine Spiegelbildung dann eintreten, wenn auf einen Hin- und Herhub eine ganze Anzahl von Windungen kommt. Dieser Zustand kann ausgedrückt werden durch die Gleichung:

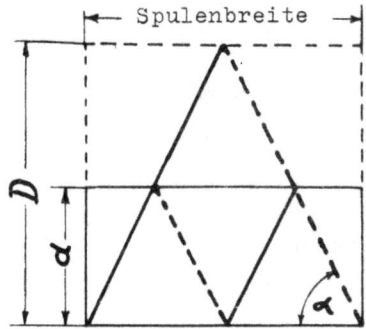

Abb. 2

$$\frac{n}{60} \cdot t = Z \qquad \text{oder}$$

$$\frac{v_F}{v_f} \cdot \frac{h}{d} = Z$$

Darin sind:

- n: die jeweilige Drehzahl der Spule je min,
- t: die Zeit für einen Doppelhub des Fadenführers in sek,
- V_F: Fadenlaufgeschwindigkeit in m/sek,
- V_f: Fadenführergeschwindigkeit in m/sek,
- h: doppelte Hublänge des Fadenführers in m (= doppelte Spulenbreite)
- d: Spulendurchmesser in m,
- Z: eine beliebige ganze Zahl (Verhältniszahl)

Bei einer modernen Nuten- oder Schlitztrommel-Kreuzspulmaschine, bei der die Spulenbreite gleich der Trommelbreite ist, vereinfacht sich bei einem häufig anzutreffenden Massverhältnis zwischen Trommelbreite und Trommeldurchmesser von 1:2 die Formel zu:

$$d = \frac{h}{Z}$$

Bei einer Trommel- bezw. Spulenbreite von 125 mm entsprechend einem Doppelhub h von 250 mm wird die Spiegelbildung bei allen jenen Durchmessern besonders klar und stark eintreten, die sich aus der Division der doppelten Hublänge durch eine ganze Zahl ergeben, was gleichbedeutend mit der jeweiligen Windungszahl je Doppelhub ist, also bei 25, 27,8, 31,2, 35,7, 41,7, 50, 62,5, 83,3, 125 mm Durchmesser. (Die bei Durchmessern unter 25 mm auftretenden Spiegel sind infolge zu kleiner Abmessungen an dieser Stelle ausseracht gelassen.)

Weniger deutliche Spiegelbildungen treten allerdings auch bei bestimmten nicht ganzzahligen Verhältniszahlen auf, worauf hier nicht näher eingegangen werden soll. Die dabei in Erscheinung tretenden Bänder sind schmaler, d.h. sie verschwinden mit wachsendem Durchmesser rasch.

Die "Bänder" innerhalb einer wild gewickelten Spule geben nach theoretischen Überlegungen Anlass zum ungleichmässigen Durchfluten bei einer nachträglichen Nassbehandlung wie Bleichen oder Färben.

Es ist zu erwarten, dass sie dem Durchgang von Flüssigkeiten einen grösseren Widerstand entgegensetzen. Die Flotte nimmt den Weg des geringsten Widerstandes, wodurch die zu einem solchen Band gehörenden Fäden ihrer Einwirkung weniger ausgesetzt sind und somit Farb- und Bleichfehler auftreten können.

Maschinell kann diese Band- oder Spiegelbildung durch Einbau und Verwendung eines Störgetriebes verhindert werden, welches unter Zuhilfenahme eines Differenzialtriebes die Fadenführerbewegung in kleinen Grenzen dauernd verändert.

Bei allen Kreuzspulen, ob wild oder mit Präzision gewickelt, ergeben sich dichtere Ränder. Bei der Umkehrung des geführten Fadens an den Spulenrändern liegen, bedingt durch ein momentanes Verharren des Fadenführers in seinen Umkehrstellen (toter Gang), die Einzelfäden eine kurze Strecke parallel zur Spulenkante, was zu einer Verdichtung der Randpartien der Kreuzspule führt. Die Verdichtung wird umso grösser sein, je höher die Auflaufgeschwindigkeit und damit die Fadenspannung ist, da diese eine gewisse Kontraktion der Spulenbreite und damit eine zusätzliche Verdichtung der Randpartien mit sich bringt. Der Randverdichtung kann durch ein ständiges Hubverlegen (Kantenverlegen) entgegengearbeitet werden. Fadenführerwelle bezw. Trommelwelle bei Schlitz- oder Nutentrommelmaschinen erhalten eine kleine seitliche Hin- und Herbewegung. Dadurch werden die Ränder in ihrer Dichtigkeit der des Spulenmittelteils angeglichen. Der Fadenführerhub ist dabei kleiner als die Spulenbreite. Abb. 3 demonstriert diesen Fall.

Wie bereits erwähnt, tritt diese Erscheinung der dichten Ränder nicht allein bei Spulen mit wilder Wicklung, sondern auch bei Spulen mit Präzisionswicklung auf. Sie ist jedoch hauptsächlich bei der erstgenannten Wicklungsart unangenehm auffallend, denn diese wird insbesondere dann gewählt, wenn weichere Spulen herzustellen sind. Dabei werden abweichende Dichtigkeitsverhältnisse innerhalb der Spule stärker ins Gewicht fallen als bei den insgesamt harten Spulen mit Präzisionswicklung.

Es wird sonach jeweils von der Weiterverwendung der betreffenden Kreuzspule abhängen, ob die mit den aufgezeigten Mängeln (Bandbildung, auffallend dichtere Ränder) behaftete Wicklungsart den an sie gestellten Ansprüchen genügt, oder aber, ob zu komplizierten und damit teueren Maschinenkonstruktionen gegriffen werden muss.

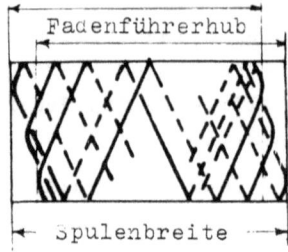

Abb. 3

2. Präzisionswicklung

Während bei der wilden Wicklung Fadenauflauf- und Fadenführergeschwindigkeit konstant bleiben, ändert sich bei der Präzisionswicklung die letztere. Zur Erzielung gleichbleibender Fadenauflaufgeschwindigkeit wird die Spulendrehzahl je Zeiteinheit mit zunehmendem Durchmesser der Spule entsprechend verringert und dadurch in einem festen, durch Zahnräder einstellbaren Verhältnis auch die Fadenführergeschwindigkeit. Abb. 4 erläutert die dabei auftretenden Verhältnisse. Wird analog zu Abb. 1 der Weg des Fadenführers in der Zeiteinheit a und senkrecht dazu der in der gleichen Zeit abgerollte Spulenumfang b aufgetragen, so ergibt die Verbindungslinie c der Endpunkte die in der Zeiteinheit aufgewickelte Garnlänge. Bei der Präzisionswicklung ist der Weg des Fadenführers in der Zeiteinheit nicht konstant. a ist - wie vorher erwähnt - bei einem kleinen Durchmesser d länger als a_2 bei einem grossen Durchmesser D. Die dabei aufgelaufene Garnlänge wird aber ebenso unveränderlich gehalten wie bei der wilden Wicklung. Der Kreisbogen mit dem Halbmesser c jeweils um den freien Endpunkt der Strecken a_1 und a_2 geschlagen, schneidet zwei verschieden lange Abschnitte b_1 und b_2 auf der Senkrechten ab. Bekanntlich gibt b

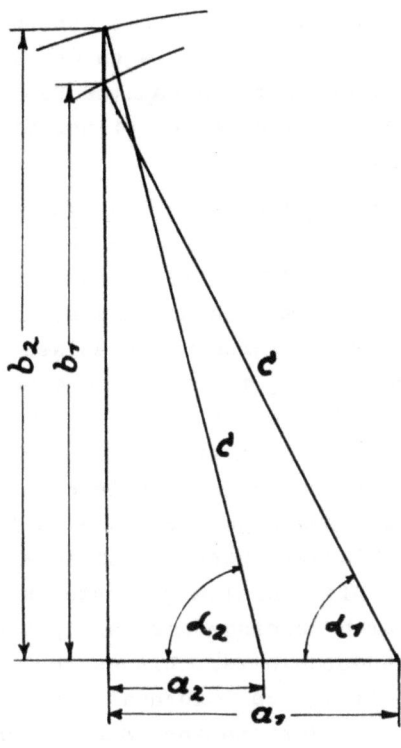

Abb. 4

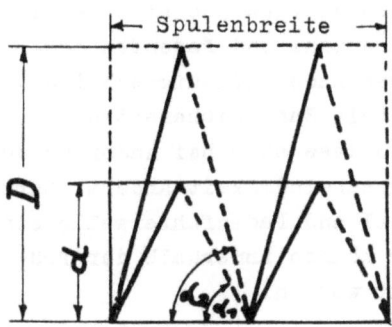

Abb. 5

den abgerollten Spulenumfang in der Zeiteinheit wieder. b_2, zugehörig zu dem grossen Durchmesser D, ist im Falle der Präzisionswicklung grösser als die Umfangstrecke b_1, die zu dem kleineren Durchmesser d gehört. Entsprechend der Proportionalität zwischen Fadenführergeschwindigkeit und Spulendrehzahl werden die unterschiedlich in der Zeiteinheit abgerollten Umfangsstrecken b_1 und b_2 den zugehörigen Spulendurchmessern d und D so entsprechen, dass in beiden Fällen der gleiche Teil des Gesamtumfanges je Zeiteinheit abrollt, wie dies auch in der Abb. 5 veranschaulicht ist. Während der Bewicklungs- bezw. Auflaufwinkel α mit wachsendem Durchmesser zunimmt, d.h. die Windungen steiler werden, bleibt die Anzahl der Windungen je Spulenhub, also Spulenbreite, vom Anfang bis zum Ende einer Spule konstant.

Durch das konstante Verhältnis zwischen Spulendrehzahl und Fadenführergeschwindigkeit wird bei der Präzisionswicklung erreicht, dass die Fadenabstände an allen Stellen und in allen radialen Lagen der Spule gleich gross sind. Damit ist die Bildung der sogenannten Bänder oder Spiegel, auf die als unerwünschte Erscheinung der wilden Wicklung hingewiesen wurde, ausgeschlossen.

Darüber hinaus besitzt die Präzisionskreuzspule durch die zwangsläufige Art der Bewicklung eine grosse Gleichmässigkeit. Sie wird deshalb auch dort empfohlen, wo der Faden mit hoher Geschwindigkeit über Kopf der Spule abzuziehen ist, also z.B. beim Hochleistungsschären. Es ist zu erwarten, dass die Vorteile der gleichen und präzisen Abstände der Fäden von einander in Erscheinung treten und die Gefahr eines gleichzeitigen Abgleitens mehrerer Windungen verringert wird. Abgesehen von der bei dieser Bewicklungsart auftretenden Verdichtung der Ränder besitzt die mit Präzision gewickelte Kreuzspule eine gleichmässige Dichte und damit eine gleichmässige Durchlässigkeit für Farb- und Bleichflotten. Bei Präzisionskreuzspulmaschinen wird jede einzelne Spulspindel angetrieben. Die Einhaltung konstanter Fadenauflaufgeschwindigkeit erfolgt durch Verminderung der Spindelumlaufzahl mit grösser werdendem Spulendurchmesser. Dieses geschieht z.B. durch selbsttätige Verstellung des Reibradantriebes in Abhängigkeit von dem zunehmenden Spulendurchmesser. Manche Konstruktionen bevorzugen aus Produktionsgründen eine davon abweichende Regelung. Die Spule wird mit konstanter Spindeldrehzahl begonnen. Durch die Zunahme des Spulendurchmessers steigert sich die Auflaufgeschwindigkeit. Mit Erreichen eines zulässigen Höchstwertes setzt die automatische Regelung der Spulendrehzahl und Fadenführergeschwindigkeit unter Konstanthaltung der Fadenauflaufgeschwindigkeit ein. Die Fadenführerbewegung wird mittels Zahnradübersetzung von der zugehörigen Spindel abgeleitet, so dass sich bei Änderung der Spindeldrehzahl auch die Fadenführergeschwindigkeit ändert. Durch entsprechende Wahl der zwischen Spindel und Fadenführerwelle eingeschalteten Übersetzungswechselräder können innerhalb der Präzisionswicklung 3 Unterformen erreicht werden.

a) Die <u>geschlossene Präzisionswicklung</u>, bei der Faden neben Faden der aufeinanderfolgenden Garnlagen dicht nebeneinanderliegen, wodurch - diesmal gewollt - durchgehend eine sogenannte Spiegelbildung entsteht. Diese Wicklung ergibt ganz harte, für Farb- oder Bleichflotten kaum durchlässige Spulen. Diese Bewicklungsart wird hauptsächlich in der Nähfadenfabrikation angewandt. Selbstverständlich muss das Übersetzungsverhältnis zwischen Spindeldrehzahl und Fadenführerbewegung der Garnnummer angepasst sein.

b) Die <u>offene Präzisionswicklung</u>, bei der die Fäden der einzelnen Garnlagen in einem immer gleichen, durch das Übersetzungsverhältnis bestimmten Abstand voneinander aufgewickelt werden. Das Aussehen solcher Spulen ähnelt dem von Bienenwaben, weshalb diese Bewicklungsart häufig fälschlicherweise als "Wabenwicklung" bezeichnet wird. Die Dichtigkeit solcherart gewickelter Kreuzspulen ist gleichmässig, ihre Durchlässigkeit gegenüber Farb- und Bleichflotten sehr gut, vorausgesetzt natürlich, dass nicht eine zu gross gewählte Auflaufspannung eine übermässige Härte hervorruft.

c) Die <u>Wabenwicklung</u> stellt eine besondere Form der Präzisionswicklung dar, die durch ein entsprechend gewähltes Übersetzungsverhältnis gekennzeichnet ist, wobei jede Garnwindung genau auf einer der vorausgegangenen Lagen aufliegt. Dadurch ergibt sich, dass die Fäden der einzelnen Garnlagen vom Spulenanfang bis Spulenende immer nur in bestimmten radialen Ebenen kreuzen. Im Spulenkörper ergeben sich radiale Kanäle mit rhombusartigem Querschnitt, welchletztere mit zunehmendem Durchmesser in Umfangsrichtung naturgemäss grösser werden. Bei genauer Maschinenarbeit und -einstellung können diese Kanäle bis zur Spulenhülse verfolgt werden. Es wird den Wabenspulen nachgesagt, dass ihre Dichtigkeit in sich unterschiedlich ist, da sich offene Kanäle mit Kreuzungsschichten abwechseln. Die auf solche Kreuzspulen unterzubringende Garnlänge ist im allgemeinen kleiner.

Beim Kauf von Kreuzspulmaschinen und bei der Wahl entsprechender Bewicklungsarten wird, wie bereits erwähnt, neben der Oberflächenbeschaffenheit des Materials vor allem der Verwendungszweck der Kreuzspule massgebend sein. Färbe- und Bleichbehandlungen bedingen eine hohe gleichmässige Dichte bei nicht zu grosser Spulenhärte und Geschlossenheit der Fadenlagen, glattes Material präzisere Bewicklung als rauheres oder gröberes. Glattes Garn bedingt u.U. auch einen kleineren Garnbewicklungswinkel als an der Oberfläche gut haftendes Garn. Hohe Ablaufgeschwindigkeiten im Schärgatter können nur mit entsprechend präzise und der Eigenart des Garns angepasst hergestellten Kreuzspulen erreicht werden, wie überhaupt die volle Ausnutzung der durch die Kreuzspule bedingten Vorteile nur durch zweckmässige

Spulenbewicklung, Aufmachung und dementsprechender Wahl der Maschinenkonstruktion garantiert ist.

II. Untersuchungen über die zweckmässige Wicklungsart für Leinengarnkreuzspulen

Hinsichtlich der zweckmässigen Form, Wicklungsart und Verwendung der Kreuzspule in der Leinenindustrie herrschen keine einheitlichen Vorstellungen, wenn diese Garnaufmachung auch immer mehr Eingang findet. Die ausschlaggebenden Vorteile der Kreuzspule sind ihr grosses Fassungsvermögen und die Möglichkeit des Aufspulens und Abziehens von Fäden mit hoher Geschwindigkeit. Diese ist nur auf bezw. von Kreuzspulen zu erzielen, allerdings nur, wenn die Spulen feststehen und der Faden "über Kopf" abgezogen wird. Abrollen von Kreuzspulen bedeutet Nichtausnutzung der gebotenen Vorteile. Die Kreuzspule hat ferner den Vorzug, dass sie ohne besondere Vorbereitung gebleicht, gefärbt und getrocknet werden kann. Verglichen mit der Strähnaufmachung, die derzeit in der Leinenindustrie noch vorherrschend ist, ist auf die Handlichkeit der schweren Garnkörper und die Verminderung der Gefahr einer Garnbeschädigung bei Handhabung und Transport hinzuweisen.

Eine zweckmässig und sorgfältig in der Spinnerei hergestellte Leinengarnkreuzspule bedeutet u.U. den Wegfall eines Arbeitsganges in der Webereivorbereitung, wodurch im Zusammenhang mit den bereits erwähnten Möglichkeiten Geschwindigkeitserhöhungen beim Spulen und Abarbeiten entsprechende Kosteneinsparungen ergibt.

Die in Anschaffung, Lagerhaltung und Erneuerung kostspieligen Scheibenspulen fallen fort. An ihre Stelle treten – sofern eine Nassbehandlung nicht vorzusehen ist – billige Papphülsen. Das Techn-Wissenschaftl. Büro für die Bastfaserindustrie erhielt den Auftrag, in planmässige Versuche einzutreten zwecks Feststellung, ob eine eindeutige Entscheidung möglich ist, welche der Kreuzspulwicklungsformen für Leinengarne im Hinblick auf das Abarbeiten in der Schärerei und auf das Bleichen der Garne eindeutig vorzuziehen ist. Die Schwierigkeit dieser Aufgabe war hauptsächlich darin gegeben, dass die technischen Mittel, welche uns für die Durchführung der erforderlichen Untersuchungen zur Verfügung standen, beschränkt waren. Ferner war aus naheliegenden Gründen, angesichts der grossen Zahl erforderlicher Variationen, die je Versuch eingesetzte Garnmenge verhältnismässig gering, wahrscheinlich zu gering, um definitive Ergebnisse zu ermöglichen. Es muss daher dieser Versuch zunächst als eine erste, grundsätzliche Vorprüfung gewertet werden, dem sich auf Betriebsbasis durchgeführte Grossversuche folgerichtigerweise anzuschliessen hätten.

Für die Durchführung des zu schildernden Versuches hatte sich dankenswerterweise die Ravensberger Spinnerei A.G., Bielefeld, mit ihren Einrichtungen zur Verfügung gestellt. Dieser Firma danken wir in erster Linie. Weiterhin ist dank den Firmen A.W. Kisker, Bielefeld, der Viersener A.G. für Spinnerei und Weberei, Viersen, und der Mechanischen Weberei Ravensberg A.G., Bielefeld-Schildesche, auszusprechen die uns ebenfalls bei den Versuchsarbeiten unterstützt hatten. Die Firma H. Windel G.m.b.H., Windelsbleiche, entsprach in dankenswerter Weise unseren Wünschen hinsichtlich Nachbleiche von Gewebeproben.

1. Versuchsplanung

Für die in Aussicht genommene Untersuchung zwecks Feststellung der geeigneten Form für die Kreuzspulaufmachung der Leinengarne wurde vorgesehen, von zwei verschiedenen Garnnummern, u.zw. Flachsgarn Ne_L 35 und Flachswerggarn Ne_L 18 eine Anzahl Spulen verschiedener Wicklungsart herzustellen und sie auf ihre Eigenschaften bei der Weiterverarbeitung hin zu prüfen. Dabei war die Reihenfolge der angewandten Arbeitsgänge bezw. eine gegebenenfalls einzuschaltende Umspulung zu berücksichtigen. Bekanntlich ist es möglich, das von der Nassspinnmaschine kommende feuchte Garn in Kreuzspulform zu bringen und es dann - gegebenenfalls nach einem Bleichvorgang - zu trocknen. Durch das Bleichen und das Trocknen, aber auch durch das Trocknen allein verliert der Spulenkörper an Geschlossenheit, so dass für eine Abarbeitung mit gutem Wirkungsgrad vielfach eine Umspulung als erforderlich gehalten wird. Die zweite Möglichkeit ist, das nassgesponnene Garn auf Spinnspulen zu trocknen und erst anschliessend zu spulen. Diese Arbeitsweise ist unzweckmässig, wenn das Garn gebleicht werden soll, denn in diesem Falle ist das zwischengeschaltete Trocknen sinnlos, sofern Spinnerei und Bleiche zusammengehören. Eine Umspulung bei nichtgebleichtem Garn fällt weg.

Eine weitere Variation bei der Herstellung der Kreuzspulen war die Formgebung. Bekanntlich werden zylindrische und konische Kreuzspulen verwendet, wobei die letztere Form dem Abziehen der Fäden über Kopf entgegenkommt. Andererseits ist die Gefahr eines Abrutschens von Windungen insbesondere bei glatten Garnen grösser.

Beim Durchfluten (Bleichen, Färben) und Trocknen der Kreuzspulen kann die Spulendichte bezw. Härte eine Rolle spielen. Es war deshalb auch diese Unterschiedlichkeit im Versuchsplan zu berücksichtigen.

Zusammengefasst sah der Plan die Erprobung von Kreuzspulen mit wilder, Präzisions- und Wabenwicklung in zylindrischer Form sowie mit Präzisionswicklung in konischer Form mit Garn Ne_L 35 und Ne_L 18 in zwei unterschiedlichen Härten vor.

In allen Wicklungsformen wurden die Spulen sowohl aus nassem Garn hergestellt und anschliessend getrocknet, alternativ wurden die Kreuzspulen erst nach der Trocknung des Garns auf Spinnspulen gefertigt. Bei der erstgenannten Arbeitsweise wurde ein Teil der so hergestellten Spulen nach dem Trocknen umgespult.

Um das Verhalten der Spulen bei der Bleiche bezw. bei der Abarbeitung nach der Bleiche bezw. Trocknung zu erproben, wurden die Spulen aller Wicklungsarten zum Teil einer Bleiche unterworfen. Auch hierbei wurden einige Bleichspulen nach der Trocknung umgespult.

Die Untersuchung der auf die vorgeschriebene Weise hergestellten Spulen hatten sich zu erstrecken:
  a) auf das Abziehen der Spulen über Kopf vom Schärrahmen mit hoher Geschwindigkeit und
  b) auf die gleichmässige Durchflutung beim Bleichvorgang, wobei jeweils das Garn aus verschiedenen Schichten der Bleichspulen als Schussgarn in eine gebleichte Baumwollkette eingeschossen wurde.

2. Versuchsdurchführung

Für die Herstellung der Kreuzspulen standen die folgenden Maschinen zur Verfügung:

1 Schlafhorst-Exzenter-Kreuzspulmaschine mit Gewichtsausgleich, Fadenauflaufgeschwindigkeit ca. 100 m/min, für Kreuzspulen mit wilder Wicklung,

1 Schubert & Salzer-Präzisions-Kreuzspulmaschine, Fadenauflaufgeschwindigkeit ca. 150 m/min, für konische Kreuzspulen mit Präzisionswicklung.

Für Herstellung von zylindrischen Spulen bezw. solchen mit Wabenwicklung wurden Austauschelemente und die erforderlichen Wechselräder an 4 Spulköpfen eingebaut.

In Fällen, in denen mit Umspulung gearbeitet wurde, wurden hierfür die gleichen Maschinen benutzt.

Für die Kreuzspultrocknung wurde der bekannte 2-Etagen-Kreuzspultrockenapparat der Zittauer Maschinenfabrik angewandt.

Die Trocknung auf Bakelit-Spinnspulen geschah auf einem Büttner-Turbo-Trockner.

Die Kreuzspulbleiche erfolgte in einem Obermaier- Versuchsapparat aus V4A-Stahl für 2 übereinander aufzusetzende Spulen, wobei diese auf perforierte V4A-Stahlhülsen statt der sonst perforierten Papphülsen gesteckt werden musste. Die Trocknung der Bleichspulen erfolgte nach vorausgehendem Zentrifugieren in dem bereits erwähnten Apparat der Zittauer Maschinenfabrik. Die für die Bleiche bestimmten Kreuzspulen wurden kurz vor ihrem Einsatz in den Bleichapparat gespult. Sofern das Garn nicht auf der Spinnspule getrocknet worden war, wurde auf eine Trocknung vor dem Bleichen selbstverständlich verzichtet. Der Bleichapparat arbeitete mit einer Flottenzirkulation von innen nach aussen, einer Flottengeschwindigkeit von durchschnittlich 0,2 l/sek und einem Pumpendruck von ca. 1 atü. Gearbeitet wurde mit je 2 Bleichgängen mit NaOH-Bleichlauge, vorausgehenden Sodakochungen und mit anschliessendem Säuern und Spülen. Der Bleichgrad, den das Garn erreichte, kann mit einem schwachen 1/2 weiss angegeben werden.

Bei der Durchführung des Versuches ergab sich, dass es aus konstruktiven Gründen nicht möglich war, auf der Schubert & Salzer-Kreuzspulmaschine für Präzisionswicklung weich gewickelte Spulen zu erzielen, so dass damit auch die an sich vorgesehene Variation der Spulenhärte unterbleiben musste. Es kamen somit in den Versuch Spulen von verhältnismässig hohem Gewicht, also härter, als sie normalerweise bei der wilden Wicklung in den Betrieben anzutreffen sind.

Der Spulendurchmesser wurde mit Rücksicht auf die Masse des vorhandenen Bleichapparates in allen Fällen mit 16 cm gewählt. Die Spulenbreite betrug bei der wilden Wicklung 125 mm, bei der Präzisionswicklung und Wabenwicklung 130 mm.

Bezogen auf das übliche Mass von 180 mm Durchmesser und 125 mm Hub hatten die Spulen folgende durchschnittliche Gewichte:

	Ne_L 18	Ne_L 35
Wilde Wicklung :	1,19 kg	1,18 kg
Präz.Wicklung, zyl. :	1,38 kg	1,37 kg
" " kon. :	1,50 kg	1,56 kg
" Waben-Wicklung :	1,16 kg	1,19 kg

Die für den Versuch verwendeten Garne (Flachsgarn Ne_L 35 und Flachswerggarn Ne_L 18) waren von schwacher Kettqualität.

Für die Ablaufprüfung wurde in Nachahmung des Schärvorganges angesichts der nur geringen Anzahl von Spulen anstelle der Schärmaschine eine 1-spindlige Nutentrommelkreuzspuleinrichtung benutzt, die das Abziehen je eines Fadens und dessen Wiederaufspulung durch Auflaufen auf eine Hülse gestattet. Für den Antrieb der Trommel war eine Stufenrillenscheibenvorgelege vorgesehen, welches von einem Motor angetrieben wurde. Gearbeitet wurde mit einer Faden-Abzugsgeschwindigkeit von ca. 750 m/min bei Ne_L 18 und ca. 1.000 m/min bei Ne_L 35

Abb. 6 zeigt die Anordnung der Abzieheinrichtung. Um die Spule Sp ist eine Antiballonspirale A gelegt. Der Faden läuft über eine Fadenbremse B durch ein Schärblatt S auf die Kreuzspule K, angetrieben von der Nutentrommel N. Geschwindigkeit und Fadenspannung wurden absichtlich, vergleichen mit den in der Praxis in Frage kommenden Verhältnissen, übertrieben hoch gewählt, um die gegebenenfalls vorhandenen Unterschiede der einzelnen Spulen hinsichtlich des Ablaufs besser feststellen zu können.

Nicht ausgeführt - weil besondere Erscheinungen nicht zu erwarten waren - wurde die Ablaufprüfung mit gebleichten, konischen Präzisionskreuzspulen und gebleichten Wabenkreuzspulen.

Je Versuchsvariation wurden 3 Kreuzspulen, also 60-80.000 m Garn Ne_L 35 bezw. 30-40.000 m Garn Ne_L 18 geprüft. Eine wesentliche

Steigerung der geprüften Länge, die an sich wünschenswert gewesen wäre, war angesichts der grossen Zahl der Variationen - je Garnnummer 19 - nicht angängig.

Der Grad des Durchbleichens wurde, wie bereits erwähnt, festgestellt durch Einschiessen von Garn aus verschiedenen Schichten der gebleichten Spulen als Schuss in eine Baumwollkette und Untersuchung des Gewebes auf Streifigkeit im stuhlrohen und nachgebleichten Zustand:

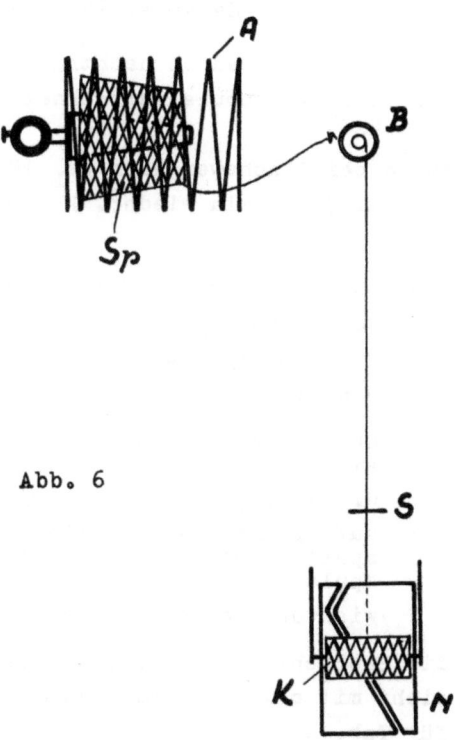

Abb. 6

3. Versuchsergebnisse

Die vorgenommene Ablaufprüfung der einzelnen Spulen wurde durchgeführt, indem jeweils eine Spule mit hoher Geschwindigkeit abgezogen wurde, ihr Verhalten und alle auftretenden Fadenbrüche genau beobachtet und registriert wurden.

Forschungsberichte des Wirtschafts- und Verkehrsministeriums Nordrhein-Westfalen

Die anschliessenden Tabellen 1-4 geben Aufschluss über die aufgetretenen Fadenbrüche bei Benutzung der Ablaufeinrichtung gemäss Abb. 6.

Tab. 1 gibt die Beobachtungen für das Flachsgarn Ne_L 35 roh bei einer Abzugsgeschwindigkeit von ca. 1.000 m/min wieder. Es gelten folgende Kurzbezeichnungen:

Wi.Wi.zyl.	: wilde Wicklung, zylindrische Spulenform
Präz.Wi.zyl.	: Präzisionswicklung, zylindrische Spullenform
Präz.Wi.kon.	: Präzisionswicklung, konische Spulenform
Wa.Wi.zyl.	: Wabenwicklung, zylindrische Spulenform
nass	: nass kreuzgespult, in Kreuzspule getrocknet
nass, umgespult	: wie vor, jedoch nachträglich umgespult
trocken	: auf Spinnspule getrocknet, trocken gespult

Tab. 2 gibt die Fadenbrüche bei Flachswerggarn Ne_L 18 roh mit einer Abzugsgeschwindigkeit von ca. 750 m/min wieder. Kurzbezeichnungen wie für Tab. 1.

Tab. 3 enthält die Fadenbruchzahlen für das Flachsgarn Ne_L 35, in der Kreuzspule etwa 1/2 weiss gebleicht, mit einer Abzugsgeschwindigkeit von ca. 1.000 m/min. Kurzbezeichnungen der Wicklungsform wie für Tab. 1, sonst wie nachstehend:

nass	: nass gespult, ohne Trocknung gebleicht, als gebleichte Kreuzspule getrocknet,
nass, umgespult	: wie vor, jedoch nachträglich umgespult
trocken	: auf Spinnspule getrocknet, trocken gespult, gebleicht, als gebleichte Kreuzspule getrocknet
trocken, umgespult	: wie vor, jedoch nachträglich umgespult

Tab. 4 berichtet über die Beobachtungen beim Abziehen des Flachswerggarnes Ne_L 18 gebleicht mit ca. 750 m/min Abzugsgeschwindigkeit. Kurzbezeichnungen wie für Tab. 3.

Der Vergleich der Ergebnisse lässt erkennen, dass die Prüfung eine eindeutige Überlegenheit einer der vorgenommenen Herstellungsformen für die Kreuzspulen nicht erbracht hat. Vor allen Dingen ist erstaunlich zu sehen, dass trotz der vorgenommenen Übertreibung der Geschwindigkeitsverhältnisse ein Abrutschen der Garnlagen, das bei einem raschen Abarbeiten von Kreuzspulen insbesondere bei wilder

Forschungsberichte des Wirtschafts- und Verkehrsministeriums Nordrhein-Westfalen

Wicklung befürchtet wird, nur vereinzelt und in einer gegenüber anderen Störungen untergeordneten Zahl zu beobachten war. Es trat nur bei dem stärkeren, unsauberen Garn auf und verursachte 3 Störungen auf insgesamt 13, oder gar nur 3 Störungen auf insgesamt 113 (!) je 100.000 m. Die anderen Fehler und Störungen gehen auf Fadenbrüche infolge Garnunregelmässigkeiten an einer der Gefahrenstellen der Ablaufvorrichtung zurück. Sie geben für das normale Verhalten des Leinengarns beim Abziehen keinen charakteristischen Wert, denn die angewandten Geschwindigkeiten sind, wie bereits mehrfach erwähnt, weit über die normale in Frage kommende Grenze gewählt worden. Diese Massnahme sollte dazu dienen, die Unterschiede im Verhalten der einzelnen Wicklungsformen deutlicher hervortreten zu lassen, hat aber ihren Zweck nicht erfüllen können. Für die einzelnen Spulenaufmachungen charakteristische Unterschiede gehen aus dem Ergebnis nicht hervor. Es muss dieses als das eigentliche Versuchsresultat gewertet werden.

Als Gesamtmittel aller Versuche ergeben sich je 100.000 m Fadenlänge

für beide Rohgarne:
    bei Spulen mit wilder Wicklung, zyl.   :   24 Fdbr.
    bei Kreuzspulen mit Präzisionswicklung, zyl.:   30 Fdbr.
    bei Kreuzspulen mit Präzisionswicklung, kon.:   23 Fdbr.
    bei Kreuzspulen mit Wabenwicklung, zyl.   :   14 Fdbr.

für beide gebleichten Garne:
    bei Kreuzspulen mit wilder Wicklung, zyl. :   68 Fdbr.
    bei Kreuzspulen mit Präzisionswicklung, zyl.:   59 Fdbr.

Tabelle 1

Flachsgarn Ne_L 35 roh	Wi. Wi. zyl.			Präz. Wi. zyl.			Präz. Wi. kon.			Wa. Wi. zyl.	
	nass	nass ungesp.	trok-ken	nass	nass ungesp.	trok-ken	nass	nass ungesp.	trok-ken	nass	trok-ken
Fadenbr.d.Garnunregel-mässigkeiten a.d.Auf-wickeltrommel	32	28	5	24	20	30	32	27	20	15	18
Fadenbr.d.Garnunregel-mässigkeiten a.d. Schärblatt		2			1	2	1			3	
Fadenbr.d.Garnunregel-mässigkeiten a.d. Fa-denführern	2	2	4	4	4	1	1	1	2	6	
Fadenbr.d.Garnunregel-mässigkeiten auf der Strecke B-S(Abb. 6)	3		2	4		6	1	2	1		
Fadenbr. infolge Ab-rutschen von Garnla-gen											
Fadenbr. durch schlech-ten Ablauf der letz-ten Lagen											
Fadenbrüche insgesamt	37	32	11	32	25	39	35	30	23	24	18

Forschungsberichte des Wirtschafts- und Verkehrsministeriums Nordrhein-Westfalen

Tabelle 2.

Flachsgarn Ne_L 18 roh	Wi. Wi. zyl.			Präz. Wi. zyl.			Präz. Wi. kon.			Wa. Wi. zyl.	
	nass	nass ungesp.	trok-ken	nass	nass ungesp.	trok-ken	nass	nass ungesp.	trok-ken	nass	trok-ken
Fadenbr.d.Garnunregelmässigkeiten a.d.Aufwickeltrommel	19	23	1o	8	22	33	7	12	21	6	9
Fadenbr.d.Garnunregelmässigkeiten a.d. Schärblatt	3	6		8	3	3		4	2		
Fadenbr.d.Garnunregelmässigkeiten a.d. Fadenführern				3	3	3		2	2		
Fadenbr.d.Garnunregelmässigkeiten auf der Strecke B-S(s.Abb.6)									2		
Fadenbr.infolge Abrutschen von Garnlagen			3								
Fadenbr.durch schlechten Ablauf der letzten Lagen											
Fadenbrüche insgesamt	22	29	13	19	28	39	7	18	27	6	9

Forschungsberichte des Wirtschafts- und Verkehrsministeriums Nordrhein-Westfalen

Tabelle 3

Flachsgarn Ne$_L$ 35 gebl.	Wi. Wi. zyl.				Präz. Wi. zyl.			
	nass	nass ungesp.	trocken	trocken ungesp.	nass	nass ungesp.	trocken	trocken ungesp.
Fadenbr.d.Garnunregelmässigkeiten a.d. Aufwickeltrommel	78	73	47	66	104	42	60	31
Fadenbr. d. Garnunregelmässigkeiten a.d. Schärblatt	4	4		5	3			1
Fadenbr. d. Garnunregelmässigkeiten a.d. Fadenführern	3		4	4		7	4	
Fadenbr. d. Garnunregelmässigkeiten auf der Strecke B-S (s.Abb. 6)	5	12	4	3	3	3		4
Fadenbr. infolge Abrutschen von Garnlagen								
Fadenbr. durch schlechten Ablauf der letzten Lagen	3		2				6	
Fadenbrüche insgesamt	93	89	57	78	110	52	70	36

Forschungsberichte des Wirtschafts- und Verkehrsministeriums Nordrhein-Westfalen

Tabelle 4

Flachsgarn Ne$_L$ 18 gebl.	Wi. Wi. zyl.				Präz. Wi. zyl.			
	nass	nass umgesp	trok-ken	trocken umgesp.	nass	nass umgesp.	trok-ken	trocken umgesp.
Fadenbr.d.Garnunregel-mässigkeiten a.d. Aufwickel-trommel	91	49	7	13	30	22	33	51
Fadenbr.d.Garnunregel-mässigkeiten a.d. Schärblatt	6	17	3	17	5	6	3	6
Fadenbr.d.Garnunregel-mässigkeiten a.d. Faden-führern	3	3			3	3	19	5
Fadenbr.d.Garnunregel-mässigkeiten auf der Strecke B-S (s.Abb. 6)								
Fadenbr. infolge Abrutschen von Garnlagen	3							
Fadenbr. durch schlechten Ablauf der letzten Lagen	10		3		11		3	
Fadenbrüche insgesamt	113	69	13	30	49	31	58	62

Seite 25

Ein einwandfreies Werturteil kann angesichts dieser Zahlen für eine dieser Wicklungsarten nicht abgegeben werden. Wir haben auch nicht den Eindruck, dass der relativ günstige Wert für die bei Rohgarnen ebenfalls ausprobierte Wabenwicklung ein Charakteristikum darstellt.

Es ist auch beinahe aussichtslos, die einzelnen Spulenformen hinsichtlich der Fadenbrüche miteinander zu vergleichen. Es enttäuscht festzustellen, dass im Gesamtmittel - für beide Garne gesehen - die Umspulung, die allerdings absichtlich ohne Fadenreinigung vorgenommen wurde, beim Rohgarn keine Verbesserung der Ablaufverhältnisse mit sich gebracht hat (25 gegen 27 Fadenbrüche je 100.000 m). Dieser Vergleich wäre fraglos anders ausgefallen, wenn bei der Umspulung auf Fadenreinigung Wert gelegt worden wäre, doch ginge der dann sicher erreichte Unterschied in der Fadenbruchzahl auf die Verbesserung der Fadeneigenschaften und nicht auf die Form der Wicklung, deren Beurteilung wir uns vorgenommen hatten.

Beim gebleichten Garn tritt die Wirkung des Umspulens hinsichtlich der Verringerung der Fadenbrüche schon deutlicher in Erscheinung (56 gegen 70 Fadenbrüche je 100.000 m), doch bleibt immer noch die Frage, ob hier nicht schon ohne Anwendung von Fadenreinigern beim Umspulen schwache Stellen zum Verschwinden gebracht worden sind; denn charakteristische Mängel beim Abziehen der Spulen traten in keinem Fall auf.

Ein weiterer Vergleich könnte bei Spulen mit verschiedener Reihenfolge der Arbeitsverfahren getroffen werden, also als Gegenüberstellung der Verfahren "nass"[1] und "trocken"[1]. Ohne nachfolgende Umspulung und wieder im Durchschnitt für beide Garne gesehen ergaben sich ungebleicht 25 Fadenbrüche für "trocken" und 25 Fadenbrüche/100.000 m für "nass", was beachtenswert schlecht für das Verfahren "trocken" ist, denn die Kreuzspulen "nass" sind durch den durchgemachten Trockenvorgang immerhin mitgenommen. Überraschend ist der Vergleich bei den Bleichgarnen, die in jedem Fall, wenn ohne Umspulung gearbeitet wird, als letzten einen Bleich- und Trockenvorgang in Kreuzspulform durchgemacht haben. Hier liegt das Verhältnis der Fadenbrüche bei 91 zu 50 je 100.000 m zugunsten der Reihenfolge

---

[1] "nass" und "trocken": s.Erläuterung d.Kurzzeichen f.Tab. 1 (Rohgarn) und Tab. 3 (Bleichgarn) auf S.

Forschungsberichte des Wirtschafts- und Verkehrsministeriums Nordrhein-Westfalen

"trocken". Wird anschliessend umgespult, so betragen die Mittelwerte für beide Garne 60 und 52 Fadenbrüche je 100.000 m, wobei die kleinere Zahl wieder zu "trocken" gehört. Immerhin hat sich hier die Fadenbruchzahl angeglichen, was auch zu erwarten ist, denn erhebliche, nicht im Garn liegende Unterschiede dürfen auch nicht auftreten, nachdem in beiden Fällen als letzter Vorgang das Umspulen vor sich gegangen ist.

Bei den Rohgarnversuchen kann noch das Augenmerk auf eventuelle Unterschiede zwischen der zylindrischen und konischen Kreuzspulform mit Präzisionswicklung gelenkt werden. Wie bereits bei den Fadenbruchzahlen auf Seite   angegeben, liegen im Gesamtdurchschnitt die konischen Kreuzspulen mit 23 Fadenbrüchen gegenüber den zylindrischen mit 30 Fadenbrüchen je 100.000 m besser, wenn auch eine augenfällige Erleichterung des Spulenablaufes bei der konischen Wicklungsform nicht festgestellt werden konnte.

Dass die gebleichten Garne eine wesentlich höhere Fadenbruchhäufigkeit aufwiesen, kann nicht verwundern und ist nicht irgendwelchen Eigenschaften der Wicklung zuzusprechen.

Das Flachsgarn Ne_L 35 und das Flachswerggarn Ne_L 18 wurden mit verschiedenen Geschwindigkeiten geprüft, somit ist der Vergleich ihrer Fadenbruchzahl miteinander nicht zulässig. Durch die Unterschiedlichkeit der Geschwindigkeiten lagen sie nicht sehr weit auseinander. Selbstverständlich bleibt, dass das Abziehen des gröberen Werggarns mit schlechterem Wirkungsgrad erfolgt als das des feineren Flachsgarnes.

Der Misserfolg des Vergleiches der von uns zu Versuchszwecken angefertigten Spulen führte zu dem Gedanken, die von Webereibetrieben normalerweise bezogenen wild gewickelten Kreuzspulen den Abziehversuchen zu unterwerfen. Hierzu wurden uns von befreundeten Betrieben Spulen von Flachs- und Werggarn verschiedener Nummer im rohen und gebleichten Zustand zur Verfügung gestellt. Diese Spulen wurden dem Abziehen über Kopf mit entsprechend hohen Geschwindigkeiten auf der Versuchseinrichtung unterworfen. Es wurden je nach Garnnummer, Garnqualität und angewandter Geschwindigkeit verschieden hohe Fadenbruchhäufigkeiten festgestellt. In keinem Fall aber wurde irgendeine Beobachtung gemacht, die auf Störungen im Fadenablauf durch die

Kreuzspule hinwies. Dabei handelte es sich um Spulen, die, nach der Bleiche nicht wieder umgespult, einen Kistentransport hinter sich hatten und das übliche verdrückte Aussehen hatten. Gegenüber den von uns selbst hergestellten Spulen wäre lediglich als eine verhältnismässig häufige Beobachtung die von Nachlässigkeitsfehlern aus der Spulerei (nicht oder schlecht geknotete Stellen) zu erwähnen, somit jedoch wieder eine Feststellung, die mit der Spulenform nicht im Zusammenhang steht.

Die genauen Beobachtungen, die bei den Ablaufversuchen der einzelnen Spulen gemacht werden konnten, berechtigen zu dem Schluss, dass einem Hochleistungsschären und -zetteln der Leinengarne von Kreuzspulen mit Abzug über Kopf und einer gegenüber der jetzt normalerweise verwendeten erhöhten Geschwindigkeit Schwierigkeiten von der Spule aus nicht entgegenstehen. Die Kreuzspulen in jeder dem Versuch dargebotenen Form haben sich bei Roh- und Bleichgarnen einwandfrei bewährt. Besonders hervorzuhebende Vorteile der einen oder anderen Aufmachungsform haben sich nicht ergeben, und es kann den diesbezüglich häufig zu vernehmenden anderen Meinungen nicht beigepflichtet werden. Der bei dem groben und teilweise ungleichmässigen Leinengarnen gefürchtete Fadenballon kann durch geeignete Massnahmen bezw. Vorrichtungen in Grenzen gehalten werden, die eine Störung des Nachbarfadens nicht mehr zustande kommen lassen. Im Versuchsfalle wurde ein aus einer zylindrischen Drahtspirale bestehender Ballontrenner verwendet. Der Durchmesser dieses Zylinders entsprach der normalen Spulenteilung eines Aufsteckgatters. Die Ausführungsform gestattet ein bequemes Erfassen der Spulen, eine leichte Handhabung beim Aufstecken sowie ein gutes Fadensuchen bei Fadenbruch. Bei dieser Ausführungsform ist besonders zu beachten, dass die Windungsrichtung der Drahtspirale gleichsinnig mit dem Ablauf der Fadenwindung der Spule vorgesehen wird.

Von dem Verfahren des Hochleistungszettelns selbst drohen somit dem Leinengarn keine spezifischen Schwierigkeiten. Sie sind vielmehr gegeben in seinen Eigenschaften, die als Garnunregelmässigkeiten eben jene auch von uns registrierten Fadenbrüche verursachen, die sich naturgemäss bei hohen Geschwindigkeiten so weit steigern, dass die Anwendung grosser Geschwindigkeiten undiskutabel wird. Die Feststellung dieser Abhängigkeit von der Abzugsgeschwindigkeit für Standardgarne

und damit die Festlegung der optimalen Geschwindigkeit sollte das
Thema entsprechender Untersuchungen werden. Es darf nicht verkannt
sein, dass es sich dabei um sehr ausgedehnte Versuche zu handeln
hätte, die im Rahmen des jetzt beschriebenen Versuches, welcher die
Feststellung von Eigenschaften bestimmter Spulen- und Wicklungsformen
zum Inhalt hatten, nicht mehr eingeordnet werden konnten. Die von
uns festgestellten Fadenbruchzahlen - darauf sei ausdrücklich auf-
merksam gemacht - stellen vollständig unmögliche Grössenordnungen
dar, was bei der gewollt vorgenommenen Übersteigerung der Abzugsgeschwindigkeit, welche den Mangel an genügenden Garnmengen ersetzen
sollte, auch nicht anders zu erwarten war. So würde es z.B. bei
2o Fadenbrüchen je 1oo.ooo m bedeuten, dass bei einer Zettelanlage
mit 5oo Spulen und 4oo m/min Abzugsgeschwindigkeit die Maschine alle
1,5 sek zum Stillstand käme. Die Fadenbruchzahl, die wir mit 2o je
1oo.ooo m bei 75o bezw. 1.ooo m/min fanden, würden bei 4oo m/min
entsprechend, und zwar ganz entscheidend tiefer sein.

Nach diesem vom Thema etwas abweichenden Betrachtungen über die Zet-
telgeschwindigkeiten in Abhängigkeit von den Eigenschaften des Leinengarns seien noch einige Beobachtungen beschrieben, die uns bei dem
Abziehen der Versuchsgarne möglich waren und die bei der Einrichtung
von Hochleistungsschäranlagen von Nutzen sein können, soweit es darauf ankommt, die Grösse und damit die Wirkung des Garnballons zu be-
einflussen. Abb. 225 gibt den Durchmesser des Fadenballons in Abhängigkeit von den Abmessungen des Schärgatters (Entfernung Spule -
Fadenführer), dem Spulendurchmesser und der Abzugsgeschwindigkeit
für die beiden geprüften Garne wieder. Die Zunahme des Ballondurch-
messers mit ansteigender Fadengeschwindigkeit und grösserem Fadenge-
wicht ist einleuchtend und bedarf keiner weiteren Erläuterung. Ebenso
ist der Einfluss des Spulendurchmessers dahingehend verständlich,
dass beim Abziehen von einem grösseren Durchmesser auch ein grösserer
Ballon entsteht. Interessant ist die Möglichkeit, den Ballon durch
Verlängerung der Strecke zwischen Spule und Fadenführer zu verrin-
gern, gegebenenfalls ihn in einen ungefährlicheren Mehrfachballon
zu verwandeln. Um jedoch ohne jede Antiballoneinrichtung auszukommen,
müsste die Entfernung zwischen Spule Sp und Fadenführer B so gewählt
werden, dass eine Beeinträchtigung der bequemen Bedienung der Spule im Schärgatter eintritt. Hier ergibt sich eine andere interessan-

Forschungsberichte des Wirtschafts- und Verkehrsministeriums Nordrhein-Westfalen

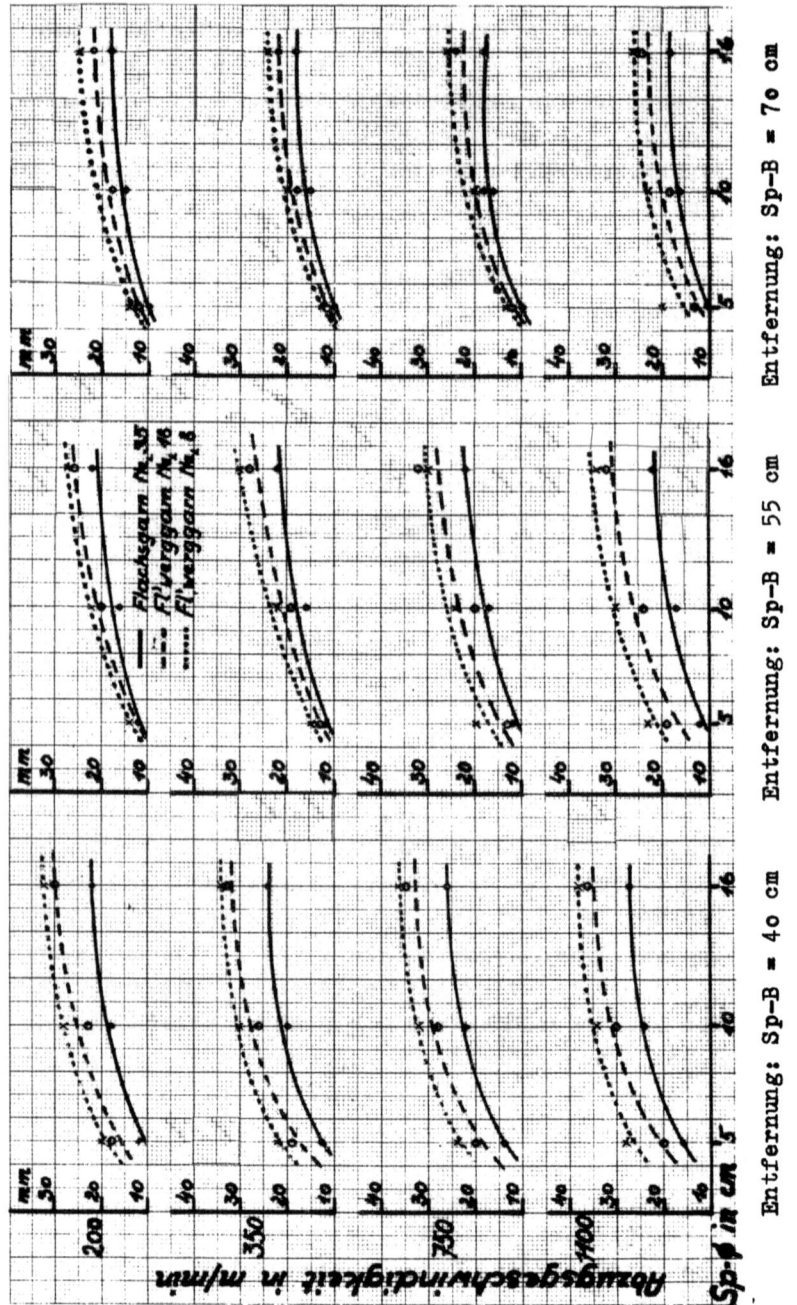

Seite 30

te Möglichkeit, den Fadenballon zu steuern bezw. zu beseitigen, die vielfach mit Unrecht als vom Standpunkt der Bedienung des Gatters unpraktisch bezeichnet wird. Abb. 7 zeigt schematisch diese Anordnung Auf einem Metallrohr (Leichtmetall) H, welches an einem Ende eine Fadenbremseinrichtung B trägt, wird ein der Spulenhülse angepasstes Gleitstück G aufgeschoben, mit dem sich die Spule Sp längs des Rohres verschieben lässt. Der Faden wird von der Spule Sp in der angedeuteten Weise durch das Aufsteckrohr H über die Fadenbremse B der Schäreinrichtung zugeführt.

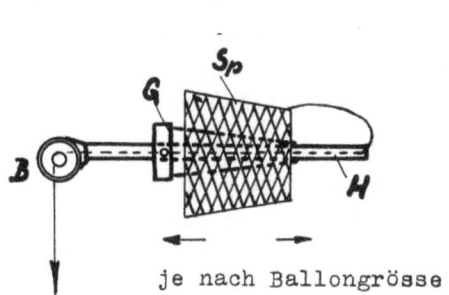

je nach Ballongrösse

Abb. 7

Durch Verschieben der Spule kann die Grösse des Ballons reguliert bezw. aus einem Einfach- ein Mehrfachballon gebildet werden, wodurch seine Grösse vermindert und das Anbringen von Antiballoneinrichtungen überflüssig wird. (Eine ähnliche Einrichtung besteht u.W. für das Abziehen von Seidenkreppgarnen über Kopf.) Durch den Wegfall einer Antiballoneinrichtung ist die Spule jederzeit zugänglich. Das Durchziehen des Fadens durch das Rohr macht bei Anwendung eines geeigneten Durchziehhakens, abgesehen von der Verwendung vorgeschrittener technischer Einrichtungen, keine besonderen Schwierigkeiten.

Es ist bekannt, dass ein Trockenspulen der Leinengarne eine reinigende Wirkung hat, auch dann, wenn keine scharfwirkenden Fadenreiniger angewandt werden. Die gleiche Wirkung tritt auch beim Abziehen von trockenen Spulen über Kopf ein. Hier ist es vor allem ein gut ausgebildeter Ballon, der durch seine Zentrifugalwirkung Schäben und Schmutzteile abschleudert, eine Beobachtung, die der Erwartung entgegenkommt und an dieser Stelle festgehalten sei. Eine weitere Beobachtung, die ebenfalls auf verständliche Ursachen zurückgeht, sei hier erwähnt; sie betrifft den Fadenabfall bezw. -verlust beim Abziehen der inneren Windungen aller Kreuzspulen. Dieser Fadenverlust ist bei den nass gespulten Kreuzspulen deutlich grösser als bei den aus Trockengarn hergestellten Spulen. Dies ist darauf zurückzuführen, dass durch den Vorgang des Trocknens bezw. den Rückgang der Kompaktheit der nassen Spulen die Spulenwindungen um die Hülse locker werden und die Neigung besitzen, beim Abziehen von der Hülse abzugleiten. Diese Erscheinung tritt bei der exakt bleibenden, trocken hergestellten Spule nicht auf. Einen vermehrten Verlust an Garn geben auch verständlicherweise die Bleichspulen, die durch das wiederholte Einschieben und Herausziehen der jeweilig benötigten Hülsen in ihren inneren Wicklungen angegriffen werden.

Die weitere Prüfung der Garne auf den verschiedenen Kreuzspulen erstreckte sich auf die Durchbleichung in der Spule in dem bereits beschriebenen Obermaier-Versuchsbleichapparat. Auch hier ging es zunächst allein darum festzustellen, ob sich irgendwelche Unterschiede bei den einzelnen Kreuzspulformen und Wicklungsarten ergeben. Die Technik des Bleichens und die Bleichrezeptur wurden innerhalb der Versuche mit gleichem Garn (Garnnummer) unverändert gehalten. Die Prüfung wurde derart vorgenommen, dass aus der äussersten Schicht, der Mitte und der innersten Schicht von je 2 Kreuzspulen jeweils 2 Schlauchkopse angefertigt wurden, die in doppelter Wiederholung in eine Baumwollkette eingeschossen wurden. Dieser Prüfung wurden sämtliche Wicklungsformen der Kreuzspulen unterworfen. Die stuhlrohe Ware wurde nach einer Untersuchung bei Tageslicht und unter der Ultralampe vollweiss nachgebleicht und, ohne irgendeine Appretur zu erhalten, erneut untersucht. Die Ergebnisse der Betrachtungen waren folgende:

Bei allen Spulen zeigte sich im stuhlrohen Gewebe eine Verminderung der Bleichwirkung von der Aussen- nach der Innenschicht. Dies ist allerdings nicht so zu verstehen, dass man die Änderung im Gewebe fortlaufend deutlich ersehen könnte; sie war immerhin als leichter Bleichunterschied beim Übergang vom Schussgarn aus der inneren Schicht zum Schussgarn aus der äusseren Schicht der Kreuzspule feststellbar. Der Unterschied des Weissgrades war noch deutlicher im Licht der Ultralampe zu sehen. Irgendwelche diesbezügliche Verschiedenheiten unter den mannigfachen Kreuzspulen waren nicht festzustellen. Die Erscheinung trat bei allen mehr oder weniger schwach deutlich auf. Die Beobachtung wird dadurch erhärtet, dass bei einzelnen Spulen in den Innenwicklungen im Garn dunkle Stellen zu sehen waren, somit also dieser Teil der Kreuzspulen bei der angewandten Technik der Flottenzirkulation von innen nach aussen am schlechtesten abschneidet. Diese Beobachtung wurde bei den wildgewickelten Spulen mit 18er Garn deutlich, allerdings trat sie spurenweise auch bei den Spulen mit Präzisionswicklung auf. Es wäre gefährlich, aus dieser einen Beobachtung einen Nachteil der wilden Wicklung abzuleiten. Insbesondere hat sich der vielfach erwartete Nachteil infolge der Spiegel- oder Bandbildung nicht eingestellt. Über das Geschilderte hinausgehend, wurden stellenweise auftretende Unregelmässigkeiten in der Bleichwirkung nicht beobachtet, wozu z.B. eine verringerte Einwirkung der Bleichflotte auf die Kreuzungsstellen der Fäden anzurechnen wäre.

Der geringeren Bleichwirkung in den Innenschichten der Spulen sollten keine übermässige Bedeutung beigemessen werden. Es muss dabei in Erinnerung gerufen werden, dass mit dichteren Spulen gearbeitet wurde, als sie voraussichtlich bei der Beschaffung des älteren Versuchsbleichapparates als anwendbar angesehen wurden, und es ist eine Frage der Apparatedimensionierung, eine ausreichende und gleichmässige Bleichwirkung zu erzielen.

Bei der vollgebleichten Ware waren - um dies vorwegzunehmen - die dunklen Garnstellen vollständig verschwunden. Die hinsichtlich des Bleichgrades unterschiedlichen Übergangsstellen im Gewebe, die vorher beschrieben worden sind, waren kaum noch feststellbar und meistens nur dann, wenn diese Stellen durch Markierungen hervorgehoben worden sind. Dabei sei noch einmal darauf hingewiesen, dass keinerlei Appretur verwendet wurde, wodurch diese Stellen gegebenenfalls vollständig zum Verschwinden gebracht werden könnten. Bei der Betrachtung des Gewebes unter der Ultralampe zeigte sich, wie im stuhlrohen Gewebe, eine stärkere optische Wirkung an den Übergangstellen. Es ist bekannt, dass mit Hilfe der Ultralampe Helligkeitsunterschiede in verstärkter Weise, speziell bei gebleichten Leinenwaren, dem Auge sichtbar werden, die selbst bei besten Tageslichtverhältnissen nicht zu erkennen sind.

Zusammenfassend sei auch für die Betrachtung der Durchbleichbarkeit der verschiedenen Wicklungsformen gesagt, dass charakteristische Vor- und Nachteile für keine der geprüften Aufmachungen angegeben werden können. Was den beobachteten Rückgang der Bleichwirkung nach der Innenschicht zu anbetrifft, **so mag dieser als ein Charakteristikum der angewandten Methode betrachtet werden, doch wird er** durch eine entsprechende Anwendung der Technik zu beseitigen sein.

4. Zusammenfassung

Umfangreiche Versuche mit den verschiedenen Wicklungsarten und Ausführungsformen von Kreuzspulen für Leinengarne wurden bei Verwendung von Flachsgarn Ne_L 35 und Flachswerggarn Ne_L 18 durchgeführt, um die Abzugsfähigkeit der Spulen innerhalb eines Hochleistungsschärens sowie die Durchbleichbarkeit zu prüfen. Es wurde mit schwereren Spulen als sie normalerweise angewandt werden gearbeitet. Zur Untersuchung kamen zylindrische Spulen mit wilder Wicklung, zylindrische und konische Spulen mit Präzisionswicklung und zylindrische Spulen mit Wabenwicklung als Unterform der Präzisionswicklung. Die Ablaufprüfung wurde mit übersteigerten Fadengeschwindigkeiten vorgenommen, um Unterschiede im Verhalten der Spulen deutlicher in Erscheinung treten zu lassen. Die durchgeführten Ablaufversuche ergaben keine charakteristischen Vor- und Nachteile einer der zur Prüfung herangezogenen Wicklungsformen.

Spezielle Schwierigkeiten für das Hochleistungszetteln für das Leinengarn liegen in den Unregelmässigkeiten des Garns selbst und den durch sie hervorgerufenen Fadenbrüchen beim Schärvorgang und nicht in dem Ablauf der Spulen.

Hinsichtlich der Bleiche haben sich ebenfalls keine besonderen Merkmale der geprüften Spulenwicklungen und -formen feststellen lassen. Es ist lediglich eine Abnahme der Bleichwirkung nach den Innenschichten der Spulen in allen Fällen zu beobachten, eine Erscheinung, die durch geeignete technische Mittel beseitigt werden kann.

Die in diesem Bericht im einzelnen beschriebenen Beobachtungen gehören zum Beginn systematischer Versuche über die Anwendung eines Hochleistungsschärens von Leinengarnen. Die ausserordentlich grosse Zahl der vorgenommenen Variationen setzte die je Versuchspunkt einzusetzende Garnmenge naturgemäss herab. Es wird aus den bei dieser Arbeit gewonnenen Erfahrungen und Erkenntnissen heraus an Betriebsversuche mit eingeschränkter Abwandlung aber grösseren Materialmengen zu gehen sein.

Forschungsberichte des Wirtschafts- und Verkehrsministeriums Nordrhein-Westfalen

III. Vorversuche für Zetteln und Schären von Leinengarnen auf Hochleistungsmaschinen

1. Versuchsdurchführung und Versuchsergebnisse

Im Auftrage der Arbeitsgemeinschaft Leinenweberei sind eine Anzahl Ballontrenner nach Vorschlag des Techn.-Wissenschaftl. Büros für die Bastfaserindustrie in Form einer S-gängigen Drahtspirale aus Runddraht 4 mm Durchmesser, Spiraldurchmesser 200 mm, Spiralhöhe 250 mm bei der Maschinenfabrik Schlafhorst & Co.,M.-Gladbach, bestellt und inzwischen geliefert worden.

Die ersten praktischen Versuche zur Erzielung hoher Geschwindigkeiten beim Zetteln von Leinengarnen, teilweise unter Einsatz der vorerwähnten Ballontrenner, wurden auf einer Zettelmaschine Fabrikat Schlafhorst mit Hochleistungsgatter für 2x308 Spulen bei 220 mm Spindelteilung, elektrischer Fadenbruchabstellung und regelbarem Antrieb der Antriebstrommel mit Flachswerggarn Nm 12, roh, vorgenommen.

a) Von 469 konischen Kreuzspulen mit wilder Wicklung, ca. 120 mm gr. Durchmesser, 125 mm Hub, wurde ein Baum von etwa 2.400 m Kettenlänge gezettelt. Dabei wurde eine Fadenabzugsgeschwindigkeit von 80 m/min angestrebt und das Regelgetriebe dementsprechend eingestellt. Ballontrenner wurden nicht verwendet.

Zur Beobachtung kam, bedingt durch zunächst vorzunehmende Einstellungen eine Lauflänge von 1.977 m, für die 86 min Arbeitsdauer benötigt wurden. Die Beobachtungen und Berechnungen ergaben die in Tabelle 5 enthaltenen Daten.

Tabelle 5

Eingestellte Fadenabzugsgeschwindigkeit	: 80 m/min
Beobachtungsdauer	: 86 min
Aufgelaufene Fadenlänge	: 1.977 m
Theoret. Fadenlänge	: 6.880 m
Wirkungsgrad [2]	: 28,7 %
Fadenbrüche	: 61 Fdbr. insgesamt
	1 " je 32,4 m Kettlänge
	1 " " 15.200 m Faden "
	1 " " 1 min 25 s

[2] Wirkungsgrad ohne Berücksichtigung der Vorbereitungszeiten für Spulenaufstecken, Fadenanknüpfen, Durchziehen der Fäden, Baumwechsel.

Die Zahlen ergeben, dass eine wirtschaftliche Ausnutzung der Maschine mit 80 m/min Fadenauflaufgeschwindigkeit im vorliegenden Fall nicht gegeben war. Dazu ist aber zu sagen, dass das zur Verarbeitung genommene Garn relativ unsauber war.

b) Die hohen Fadenbruchhäufigkeiten und dementsprechend der geringe Wirkungsgrad bei dem Versuch 1 liessen es zweckmässig erscheinen, bei einer Wiederholung des Versuchs die Ursachen der Fadenbrüche einzeln festzustellen. Um die Ergebnisse möglichst sinnfällig zu erhalten, wurde die Ablaufgeschwindigkeit durch entsprechende Einstellung des Regelantriebes auf 120 m/min weiter erhöht. Dabei wurde von 468 Kreuzspulen, inzwischen verringerten Durchmessers, ein Baum von etwa 2.400 m Kettlänge gezettelt.

Die Ergebnisse sind in Tabelle 6 zusammengestellt.

T a b e l l e   6

Eingestellte Fadenabzugsgeschwindigkeit	: 120 m/min
Beobachtungsdauer	: 117 min
Aufgelaufene Fadenlänge	: 2.320 m
Theoret. Fadenlänge	: 14.040 m
Wirkungsgrad [3]	: 16,5 %
Fadenbrüche	: 76 Fdbr. insgesamt
	1 Fdbr. je 30,5 Kettlänge
	1 " " 14.300 m Fadenlg.
	1 " " 1 min 32 s.

Die Ergebnisse des Versuches 2 bestätigen, dass ohne besondere Massnahmen ein Hochleistungszetteln von Leinengarnen der vorhandenen Qualität nicht wirtschaftlich ist. Die Erhöhung der Geschwindigkeit brachte ein weiteres Heruntergehen des Wirkungsgrades und eine Zunahme der Fadenbruchhäufigkeit, bezogen auf die verarbeiteten Fadenlängeneinheit.

---

3) siehe Fussnote 2

Dieser Abfall des Wirkungsgrades scheint allerdings überraschend gross, wenn demgegenüber die Zunahme der Fadenbrüche ins Auge gefasst wird (bezogen auf 1.000 m Kette) bei Versuch 2 : 33 Fdbr., bei Versuch 1 : 31 Fdbr.). Offenbar waren die Zeiten zum Anknüpfen der Fäden bei dem 2. Versuch länger als bei Versuch 1. Für die hier vorgenommene Betrachtung ist dieses nicht wesentlich. Entscheidend ist die Feststellung der nicht erreichten Wirtschaftlichkeit.

Als Ursachen der aufgetretenen Fadenbrüche wurden ermittelt:

Tabelle 7

	Fadenbrüche	%
Zusammengelaufene Fäden zwischen Spulen u. Fadenrechen (Fadenabstellvorrichtungen) an der Stirnseite des Gatters	22	29,0
Zusammengelaufene Fäden zwischen Abstellvorrichtungen und Expansionskamm	4	5,3
Spulfehler	22	29,0
Knoten und dicke Stellen im Fadenrechen	3	3,9
Knoten und dicke Stellen im Expansionskamm	2	2,6
Knoten, dicke Stellen und Schäben an der Spule	7	9,2
Dünne Stellen zwischen Spule und Abstellvorrichtung	2	2,6
Um Fadenbremse gewickelte Fäden	11	14,5
Unerkannt	3	3,9
	76	100,0

Diese Beobachtungen der Fadenbrüche lassen folgende Schlüsse zu. Den grössten Anteil an den Stillständen hatten Fedenbrüche infolge Zusammenlaufens der Fäden (34,3% der Fadenbrüche), durch Spulfehler (29,0%) und durch Fäden, die sich um die Fadenbremse wickelten (14,5%). Das Zusammenlaufen der Fäden erfolgte hauptsächlich auf der Strecke zwischen den Fadenrechen in der Mitte und den Fadenrechen an der Stirnseite (Abstellvorrichtungen) des Gatters, auf der die Fäden aus dem hinteren Teil des Rechens etwa 4 m lang parallel nebeneinander laufen (29,o % der Fadenbrüche). In geringerem Masse (5,2 % der Fadenbrüche) trat ein derartiges Zusammenlaufen der Fäden auf der etwa 2,5 m langen Strecke zwischen Gatter und Expansionskamm auf. Ein Zusammenlaufen der Fäden kommt zustande, indem auf den freien Laufstrecken Schwingungserscheinungen zur Ballonbildung führen. Diese verursacht insbesondere dann Störungen, wenn es durch Unreinheiten im Garn zu einem Verhaken benachbarter Fäden kommt. Die Fäden reissen, wenn die zusammenhängende Stelle zum Ablaufrechen gelangt. Ebenso wie eine grössere Sauberkeit des Garns, gegebenenfalls herbeigeführt durch strenge Reinigung beim Spulen, hier zu wesentlichen Verbesserungen führen kann, wird auch die Einhaltung einer zweckentsprechenden Fadenspannung von Bedeutung sein. Es sei darauf hingewiesen, dass die beim Versuch eingehaltene Fadenbremsung gegebenenfalls etwas zu gering war.

Die Höhe der Fadenbruchzahl infolge Spulfehler, zu denen z.B. über die Ränder gelaufene Fäden gehören, weist eindringlich darauf hin, welch ausserordentliche Bedeutung einem exakten und sorgfältigen Spulen bei Anwendung höherer Abzugsgeschwindigkeiten zugemessen werden muss.

Die Erscheinung, dass sich Fäden um die Fadenbremse schlingen und zu Bruch führen, konnte häufig beobachtet werden. Die Ursachen sind wohl plötzliche Ballonbildungen, vielleicht infolge Auftretens von stärkeren Garnungleichmässigkeiten.

Da die anderen Fadenbruchursachen - jede für sich betrachtet - nur geringere Anteile an der Gesamtfadenbruchzahl aufzuweisen haben, ist den vorerwähnten Erscheinungen bei der Bemühung, zum rationellen Arbeiten mit Hochleistungsmaschinen zu kommen, vor allem Beachtung zu schenken. Während zur Durchführung eines sorgfältigen Spulens besonders detaillierte Ausführungen nicht zu machen sind, wären zur Beseitigung des Zusammenschlagens der nebeneinanderlaufenden Kettfäden zweckentsprechende Massnahmen zur Unterbindung der Fadenschwingungen und der Ballonbildung zu treffen. Es wurde bereits darauf hingewiesen, dass die Verhältnisse bei sauber gereinigten Garnen bereits eine

Verbesserung erfahren können. Eine derartige Reinigung würde auch die Fadenbrüche, die infolge Garnunregelmässigkeiten an der Spule selbst aufgetreten waren (9,2 %), zurückgehen lassen. Sich um die Fadenbremse schlingende Fäden können wahrscheinlich durch konstruktiv einfache Lösungen vermieden werden.

Was die letztgenannten Fadenbrüche an der Spule anbetrifft, so ist hierzu noch zu bemerken, dass sie voraussichtlich weitgehend zum Verschwinden kommen würden, wenn über die bei Versuch 2 angewandte Geschwindigkeit hinausgegangen werden könnte. Es konnte nämlich beobachtet werden, dass bei dieser Geschwindigkeit ein Fadenballon an der Spule selbst nicht auftrat. So wurden auch keine Fadenbrüche durch das Zusammenschlagen benachbarter Fäden an den Spulen festgestellt und Ballontrenner brauchten nicht in Funktion zu treten. Bei höheren Geschwindigkeiten würde ein sich bildender Fadenballon Fadenbrüche an der Spule, verursacht durch Hängenbleiben des ablaufenden Fadens an Schäben oder anderen Unreinheiten der benachbarten Windungen nicht auftreten lassen.

c) Wie vorstehend beschrieben, konnte bei den Geschwindigkeiten von 8o-12o m/min eine ausgesprochene Ballonbildung an den Spulen nicht beobachtet werden. Um die Zweckmässigkeit der vorgeschlagenen und beschafften Ballontrenner bei hohen Geschwindigkeiten zu erproben, wurde mit 1o Stück derartiger Separatoren ein Versuch gemacht, das bereits verwendete Werggarn Nm 12, roh, von Kreuzspulen mit 18o mm Durchmesser bei einer Geschwindigkeit von 35o m/min ohne Rücksicht auf eintretende Fadenbrüche abzuziehen. Dabei konnte festgestellt werden, dass die vorgeschlagene Konstruktion der Ballontrenner sich ausgezeichnet bewährt. Es konnte lediglich gegebenenfalls in Aussicht genommen werden, sie um eine Windung zu verlängern. Im Gegensatz zu einem Ablaufversuch mit der gleichen Geschwindigkeit ohne Ballontrenner traten Fadenbrüche durch Zusammenschlagen der Ballons an den Spulen praktisch nicht auf. Jedoch war im verstärkten Masse das Zusammenlaufen der Fäden zwischen Mittelrechen und Abstellvorrichtung zu beobachten. Dieses konnte auch dadurch nicht unterbunden werden, dass der Abstand nebeneinanderlaufender Fäden von 15 auf 30 mm vergrössert wurde. Einwandfrei konnte festgestellt werden, dass bei diesen Geschwindigkeiten keine Fadenbrüche in der Spule infolge Garnunregelmässigkeiten eintraten, was auf die bereits geschilderte Wirkung der Fadenballons zurückzuführen ist.

2. Zusammenfassung

Versuche an <u>Hochleistungszettelmaschinen</u> mit Flachswerggarn Nm 12, roh, ergaben, dass bereits bei <u>mittleren Fadenabzugsgeschwindigkeiten</u> von 80-120 m/min die wirtschaftliche Grenze überschritten ist. Die <u>Wirkungsgrade</u> ergaben sich zu 29 % bei der niedrigeren, und gar nur 17 % bei der höheren Geschwindigkeit. Als hauptsächliche Ursachen der häufigen Stillstände waren <u>Fadenbrüche durch Zusammenlaufen benachbarter Fäden</u> zwischen den Rechen in der Mitte und den Rechen am Ausgang des Gatters (Abstellvorrichtungen), sowie <u>Fadenbrüche infolge Spulfehler festzustellen.</u> Während die letztere Ursache durch entsprechende, sich beim Hochleistungszetteln als unumgänglich erweisende Präzision des Spulvorganges beseitigt werden kann, müssen für eine störungsfreie Führung der Fäden ausserdem zweckentsprechende konstruktive Massnahmen erwogen werden.

Die vom Techn.-Wissenschaftl. Büro für die Bastfaserindustrie vorgeschlagenen <u>spiralförmigen Ballontrenner</u> an den Spulen, die beim Arbeiten mit höheren Geschwindigkeiten erforderlich werden, bewährten sich bei einem Versuch mit 350 m/min Fadenabzugsgeschwindigkeit <u>einwandfrei.</u>

Der Bielefelder Aktien-Gesellschaft für Mechanische Weberei sei für ihre Unterstützung bei der Durchführung der Versuche Dank zum Ausdruck gebracht.

Forschungsberichte
des Wirtschafts- und Verkehrsministeriums
Nordrhein-Westfalen

Herausgegeben von Ministerialdirektor Dipl.-Ing. L. Brandt

Bisher sind erschienen:

Heft 1: Prof.Dr.-Ing.habil. Eugen Flegler, Aachen
   Untersuchungen oxydischer Ferromagnet-Werkstoffe

Heft 2: Prof.Dr.phil. Walter Fuchs, Aachen
   Untersuchungen über absatzfreie Teeröle

Heft 3: Technisch-Wissenschaftliches Büro für die
   Bastfaser-Industrie, Bielefeld
   Untersuchungsarbeiten zur Verbesserung des Leinenwebstuhls

Heft 4: Prof.Dr. E.A. Müller und Dipl.-Ing. H. Spitzer, Dortmund
   Untersuchungen über die Hitzebelastung in Hüttenbetrieben

Heft 5: Dipl.-Ing. Werner Fister, Aachen
   Prüfstand der Turbinenuntersuchungen

Heft 6: Prof.Dr.phil. Walter Fuchs, Aachen
   Untersuchungen über die Zusammensetzung und Verwendbarkeit
   von Schwelteerfraktionen

Heft 7: Prof.Dr.phil. Walter Fuchs, Aachen
   Untersuchungen über emsländisches Petrolatum

Heft 8: Maria Elisabeth Meffert und Heinz Stratmann
   Algen-Grosskulturen im Sommer 1951

Heft 9: Technisch-Wissenschaftliches Büro für die Bastfaserindustrie, Bielefeld

Untersuchungen über die zweckmässige Wicklungsart von Leinengarnkreuzspulen unter Berücksichtigung der Anwendung hoher Geschwindigkeiten des Garnes

Vorversuche für Zetteln und Schären von Leinengarnen auf Hochleistungsmaschinen

In Vorbereitung

Heft 10: Prof.Dr. Wilhelm Vogel, Köln-Nippes

"Das Streifenpaar" als neues System zur mechanischen Vergrösserung kleiner Verschiebungen und seine technischen Anwendungsmöglichkeiten

Heft 11: Laboratorium für Werkzeugmaschinen und Betriebslehre Technische Hochschule Aachen

1.) Untersuchungen über Metallbearbeitung im Fräsvorgang mit Hartmetallwerkzeugen und negativem Spanwinkel

2.) Weiterentwicklung des Schleifverfahrens für die Herstellung von Präzisionswerkstücken unter Vermeidung hoher Temperaturen

3.) Untersuchung von Oberflächenveredlungsverfahren zur Steigerung der Belastbarkeit hochbeanspruchter Bauteile.

Heft 12: Elektro-Wärmeinstitut, Langenberg/Rhld.

Erwärmung von Netzfrequenz

Heft 13: Techn.-Wissenschaftl. Büro für die Bastfaserindustrie, Bielefeld

Das Naßspinnen von Bastfasergarnen mit chemischen Zusätzen zum Spinnbad

Heft 14: Forschungsstelle für Acetylen, Dortmund

Untersuchungen über Aceton als Lösungsmittel für Acetylen

Heft 15: Wäschereiforschung Krefeld

Trocknen von Wäschestoffen

Heft 16: Max Planck-Institut für Kohleforschung, Mülheim/Ruhr

Arbeiten des MPI für Kohleforschung

Heft 17: Ingenieurbüro Herbert Stein, M-Gladbach

Untersuchungen der Verzugsvorgänge in den Streckwerken verschiedener Spinnereimaschinen

Heft 18: Wäschereiforschung Krefeld

Grundlagen zur Erfassung der chemischen Schädigung beim Waschen

Heft 19: Techn.-Wissenschaftl. Büro für die Bastfaserindustrie, Bielefeld

Die Auswirkung des Schlichtens von Leinengarnketten auf den Verarbeitungswirkungsgrad, sowie die Festigkeits- und Dehnungsverhältnisse der Garne und Gewebe

Heft 20: Techn.-Wissenschaftl. Büro für die Bastfaserindustrie, Bielefeld

Trocknung von Leinengarnen I
Vorgang und Einwirkung auf die Garnqualität

Heft 21: Techn.-Wissenschaftl. Büro für die Bastfaserindustrie Bielefeld

Trocknung von Leinengarnen II
Spulenanordnung und Luftführung beim Trocknen von Kreuzspulen

Veröffentlichungen

der Arbeitsgemeinschaft für Forschung
des Landes Nordrhein-Westfalen

Heft 1:

Prof.Dr.-Ing. Friedrich Seewald, Technische Hochschule Aachen
  Neue Entwicklungen auf dem Gebiete der Antriebsmaschinen
Prof.Dr.-Ing. Friedrich A.F. Schmidt, Technische Hochschule Aachen
  Technischer Stand und Zukunftsaussichten der Verbrennungs-
  maschinen, insbesondere der Gasturbinen
Dr.-Ing. R. Friedrich, Siemens-Schuckert-Werke A.-G., Mülheimer Werk
  Möglichkeiten und Voraussetzungen der industriellen Verwertung
  der Gasturbine
       52 Seiten, 15 Abbildungen, kartoniert DM 4,25

Heft 2:

Prof.Dr.-Ing. Wolfgang Rietzler, Universität Bonn
  Probleme der Kernphysik
Prof.Dr.phil. Fritz Micheel, Universität Münster
  Isotope als Forschungsmittel in der Chemie und Biochemie
       40 Seiten, 10 Abbildungen, kartoniert DM 3,20

Heft 3:

Prof.Dr.med. Emil Lehnartz, Universität Münster
  Der Chemismus der Muskelmaschine
Prof.Dr.med. Gunther Lehmann, Direktor des Max-Planck-Institutes
  für Arbeitsphysiologie, Dortmund
  Physiologische Forschung als Voraussetzung der Bestgestaltung
  der menschlichen Arbeit
Prof.Dr. Heinrich Kraut, Max-Planck-Institut für Arbeitsphysiologie,
  Dortmund
  Ernährung und Leistungsfähigkeit
       60 Seiten, 35 Abbildungen, kartoniert DM 5,--

Heft 4:
Prof.Dr. Franz Wever, Max-Planck-Institut für Eisenforschung, Düsseldorf
   Aufgaben der Eisenforschung
Prof.Dr.-Ing. Hermann Schenck, Technische Hochschule Aachen
   Entwicklungslinien des deutschen Eisenhüttenwesens
Prof.Dr.-Ing. Max Haas, Technische Hochschule Aachen
   Wirtschaftliche Bedeutung der Leichtmetalle und ihre
   Entwicklungsmöglichkeiten
       6o Seiten, 2o Abbildungen, kartoniert DM 6,--

Heft 5:
Prof.Dr.med. Walter Kikuth, Medizinische Akademie Düsseldorf
   Virusforschung
Prof.Dr. Rolf Daneel, Universität Bonn
   Fortschritte der Krebsforschung
Prof.Dr.med., Dr.phil. W. Schulemann, Universität Bonn
   Wirtschaftliche und organisatorische Gesichtspunkte für
   die Verbesserung unserer Hochschulforschung
       5o Seiten, 2 Abbildungen, kartoniert DM 4,--

Heft 6:
Prof.Dr. Walter Weizel, Institut für theoretische Physik, Bonn
   Die gegenwärtige Situation der Grundlagenforschung in der Physik
Prof.Dr. Siegfried Strugger, Universität Münster
   Das Duplikantenproblem in der Biologie
Direktor Dr. Fritz Gummert, Ruhrgas A.-G., Essen
   Überlegungen zu den Faktoren Raum und Zeit im biologischen
   Geschehen und Möglichkeiten einer Nutzanwendung
       64 Seiten, 2o Abbildungen, kartoniert DM 4,--

Heft 7:
Prof.Dr.-Ing. August Götte, Technische Hochschule Aachen
   Steinkohle als Rohstoff und Energiequelle
Prof.Dr.e.h. Karl Ziegler, Max-Planck-Institut für Kohleforschung
   Mülheim/Ruhr
   Über Arbeiten des Max-Planck-Institute für Kohleforschung

Heft 8

Prof.Dr.-Ing. Wilhelm Fucks, Technische Hochschule Aachen
    Die Naturwissenschaften, die Technik und der Mensch
Prof.Dr.sc.pol. Walther Hoffmann, Universität Münster
    Wissenschaftliche und soziologische Probleme des technischen Fortschritts

        84 Seiten, 12 Abbildungen, kartoniert DM 6,5o

Heft 9:

Prof.Dr.-Ing. Franz Bollenrath, Technische Hochschule Aachen
    Zur Entwicklung warmfester Werkstoffe
Dr. Heinrich Kaiser, Staatl.Materialprüfamt Dortmund
    Stand spektralanalytischer Prüfverfahren und Folgerung für deutsche Verhältnisse

Heft 1o:

Prof.Dr. Hans Braun, Universität Bonn
    Möglichkeiten und Grenzen der Resistenzzüchtung
Prof.Dr.-Ing. Karl Heinrich Dencker, Universität Bonn
    Der Weg der Landwirtschaft von der Energieautarkie zur Fremdenenergie

        74 Seiten, 23 Abbildungen, kartoniert DM 6,8o

Heft 11:

Prof.Dr.-Ing. Herwart Opitz, Technische Hochschule Aachen
    Entwicklungslinien der Fertigungstechnik in der Metallbearbeitung
Prof.Dr.-Ing. Karl Krekeler, Technische Hochschule Aachen
    Stand und Aussichten der schweisstechnischen Fertigungsverfahren

Heft 12:

Dr. Hermann Rathert, Mitglied des Vorstandes der Vereinigten Glanzstoff-Fabriken A.-G., Wuppertal-Elberfeld
    Entwicklung auf dem Gebiet der Chemiefaser-Herstellung
Prof.Dr. Wilhelm Weltzien, Direktor der Textilforschungsanstalt Krefeld
    Rohstoff und Veredlung in der Textilwirtschaft

        84 Seiten, 29 Abbildungen, kartoniert DM 7,--

Heft 13:
Dr.-Ing.e.h. Karl Herz, Chefingenieur im Bundesministerium für das
Post und Fernmeldewesen Frankfurt/Main
Die technischen Entwicklungstendenzen im elektrischen Nachrichtenwesen
Ministerialdirektor Dipl.-Ing. Leo Brandt, Düsseldorf
Navigation und Luftsicherung

Heft 14:
Prof.Dr. Burkhardt Helferich, Universität Bonn
Stand der Enzychemie und ihre Bedeutung
Prof.Dr.med. Hugo Kipping, Direktor der Universitätsklinik Köln
Ausschnitt aus der klinischen Carcinomforschung am Beispiel des Lungenkrebses
72 Seiten, 12 Abbildungen, kartoniert DM 6,25

Heft 15:
Prof.Dr. Abraham Esau, Technische Hochschule Aachen
Die Bedeutung von Wellenimpulsverfahren in Technik und Natur
Prof.Dr.-Ing. Eugen Flegler, Technische Hochschule Aachen
Die ferromagnetischen Werkstoffe in der Elektrotechnik und ihre neueste Entwicklung

Heft 16:
Prof.Dr.rer.pol. Rudolf Seyffert, Universität Köln
Die Problematik der Distribution
Prof.Dr.rer.pol. Theodor Beste, Universität Köln
Der Leistungslohn
7o Seiten, 1 Abbildung, kartoniert DM

Heft 17:
Prof.Dr.-Ing. Friedrich Seewald, Technische Hochschule Aachen
Luftfahrtforschung in Deutschland und ihre Bedeutung für die allgemeine Technik
Prof.Dr.-Ing. Edouard Houdremont, Essen
Art und Organisation der Forschung in einem Industrieforschungsinstitut der Eisenindustrie

Weitere Hefte sind in Vorbereitung

WESTDEUTSCHER VERLAG
KÖLN und OPLADEN

MIX
Papier aus verantwortungsvollen Quellen
Paper from responsible sources
FSC® C105338

If you have any concerns about our products,
you can contact us on
ProductSafety@springernature.com

In case Publisher is established outside the EU,
the EU authorized representative is:
**Springer Nature Customer Service Center GmbH
Europaplatz 3, 69115 Heidelberg, Germany**

Printed by Libri Plureos GmbH
in Hamburg, Germany